普通高等教育"十四五"系列教材

机械设计基础作业集

田亚平　李爱姣　主编

中国水利水电出版社
www.waterpub.com.cn
·北京·

内 容 提 要

《机械设计基础作业集》是田亚平、李爱姣主编的《机械设计基础》（第二版）的配套作业集。

本作业集共收录 160 余道题，包括填空题、简答题、分析题、作图题、计算题、结构分析与改错题等，主要考查学生对机构和零件设计的基础知识、原理、方法、选型的掌握程度。学生可以直接在作业集上完成作业，节省抄题的时间，也便于教师的批改。

本作业集可供普通高等院校机械类及相关专业学生使用，也可供普通高等专科学校、职业技术学院、成教学院等在校学生使用。

图书在版编目（CIP）数据

机械设计基础作业集 / 田亚平, 李爱姣主编.
北京：中国水利水电出版社, 2025. 8. -- （普通高等教育"十四五"系列教材）. -- ISBN 978-7-5226-3538-5
Ⅰ. TH122-44
中国国家版本馆 CIP 数据核字第 20259EP245 号

策划编辑：石永峰　　责任编辑：鞠向超　　封面设计：苏　敏

书　名	普通高等教育"十四五"系列教材 **机械设计基础作业集** JIXIE SHEJI JICHU ZUOYEJI
作　者	主　编　田亚平　李爱姣
出版发行	中国水利水电出版社 （北京市海淀区玉渊潭南路 1 号 D 座　100038） 网址：www.waterpub.com.cn E-mail: mchannel@263.net（答疑） 　　　　sales@mwr.gov.cn 电话：（010）68545888（营销中心）、82562819（组稿）
经　售	北京科水图书销售有限公司 电话：（010）68545874、63202643 全国各地新华书店和相关出版物销售网点
排　版	北京万水电子信息有限公司
印　刷	三河市德贤弘印务有限公司
规　格	260mm×184mm　横 16 开本　7.75 印张　119 千字
版　次	2025 年 8 月第 1 版　2025 年 8 月第 1 次印刷
印　数	0001—3000 册
定　价	28.00 元

凡购买我社图书，如有缺页、倒页、脱页的，本社营销中心负责调换

版权所有·侵权必究

前　　言

  机械设计基础课程是高等院校机械类专业普遍开设的技术基础课。学好这门课程，可以为后续专业课程的学习以及掌握专业知识打好基础。为了学好这门课程，掌握有关机械设计的一些基础概念、基本理论、机械零件和机械装置设计的基本方法，除了在课堂上一定要专心听讲，课后认真复习之外，课外完成一定量的作业也是必不可少的。

  本作业集可配合田亚平、李爱姣主编的《机械设计基础》（第二版）使用，共有160余题，个别难度稍大的题目标有"*"符号，供学生选做。题目选编紧密结合教材内容，目的在于使学生通过完成这些作业，消化和巩固所学的知识，培养分析问题、解决问题的能力，着重考查对机械设计有关基础概念和基本理论的理解，以及对一些解题方法的训练，同时也注重知识点的掌握和反映工程实际问题，并尽可能减少单纯的、烦琐的数字运算题，以节省学生做题和老师批改作业的时间。

  本作业集由田亚平、李爱姣主编，参与编写工作的还有赵军、张强、汪净、石慧荣、曹文翰、杨晓波、柳彦虎、蒋鑫等，牛卫中教授对本作业集进行了审阅并提出了许多宝贵的意见和建议。

  限于编者水平，有疏漏和不妥之处在所难免，望广大读者谅解并指正。

编者
2025 年 3 月

目 录

前言

绪论 ··· 1

第一章　机械设计的基础知识 ··· 2

第二章　平面机构的结构分析 ··· 4

第三章　平面连杆机构 ··· 7

第四章　凸轮机构 ·· 13

第五章　齿轮机构和轮系 ··· 17

第六章　间歇运动机构 ·· 24

第七章　机械的平衡与调速 ·· 25

第八章　带传动和链传动 ··· 27

第九章　齿轮传动设计 ·· 32

第十章　蜗杆传动 ·· 37

第十一章　螺纹连接 ··· 41

第十二章　轴毂连接 ··· 47

第十三章　轴承 ·· 49

第十四章　联轴器、离合器和制动器 ·· 55

第十五章　轴 ··· 56

参考文献 ·· 60

绪 论

班级　　　　　姓名　　　　　学号

0-1 什么是机械？什么是构件和零件？构件和零件有什么区别？

0-2 机器有哪三个特征？

0-3 一部完整的现代化机器由哪几部分组成？各部分的作用是什么？

0-4 请简述我国古代机械发明（如指南车、地动仪等）对现代机械设计的启示，以及这些启示中蕴含的民族精神和文化价值。

成绩　　　　　任课教师　　　　　批改日期

第一章　机械设计的基础知识

班级　　　姓名　　　学号

1-1 设计机械时应满足哪些基本要求？

1-2 机械零件主要有哪些失效形式？常用的零件设计准则主要有哪些？

1-3 作用在零件上的应力,按其随时间变化的情况,可分为几类？σ_{-1}、σ_0、σ_{+1}各代表什么含义？

1-4 零件疲劳断裂的断口有什么特点？

成绩　　　任课教师　　　批改日期

1-5 指出下列材料代号的含义。 Q235 45 65Mn 40Cr 20Mn2 ZG310-570 HT200 QT600-3	**1-6** 设计机械零件时，应满足哪些基本要求？ **1-7** 简述常用的钢的热处理方法。

第二章 平面机构的结构分析

班级　　　　姓名　　　　学号

2-1 什么是运动副？平面高副和平面低副各有什么特点？其约束有几个？平面低副有哪两种具体形式？

2-2 什么是机构运动简图？有什么用途？机构运动简图和机构示意图有何区别？

2-3 什么是复合铰链、局部自由度和虚约束？

2-4 什么是机构的自由度？机构具有确定运动的条件是什么？

成绩　　　　任课教师　　　　批改日期

2-5 试绘制图示机构的运动简图。

（a）唧筒机构

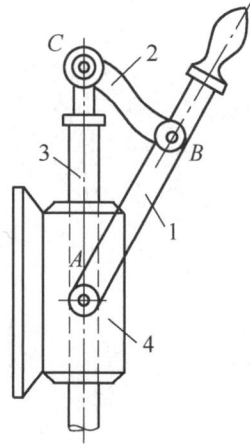

（b）冲压机构

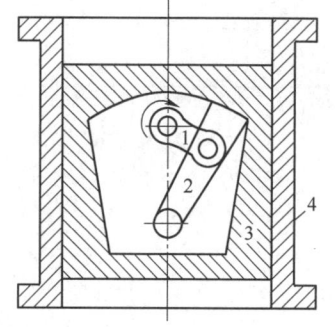

（c）回转柱塞泵

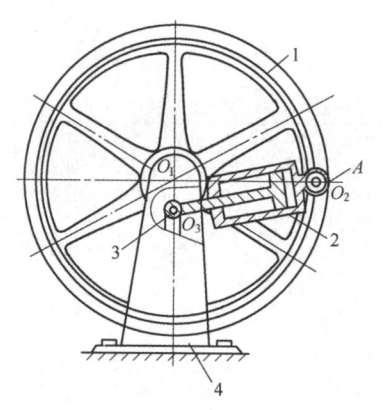

2-6 计算如图所示各机构的自由度，如有复合铰链、局部自由度、虚约束，请明确指出。

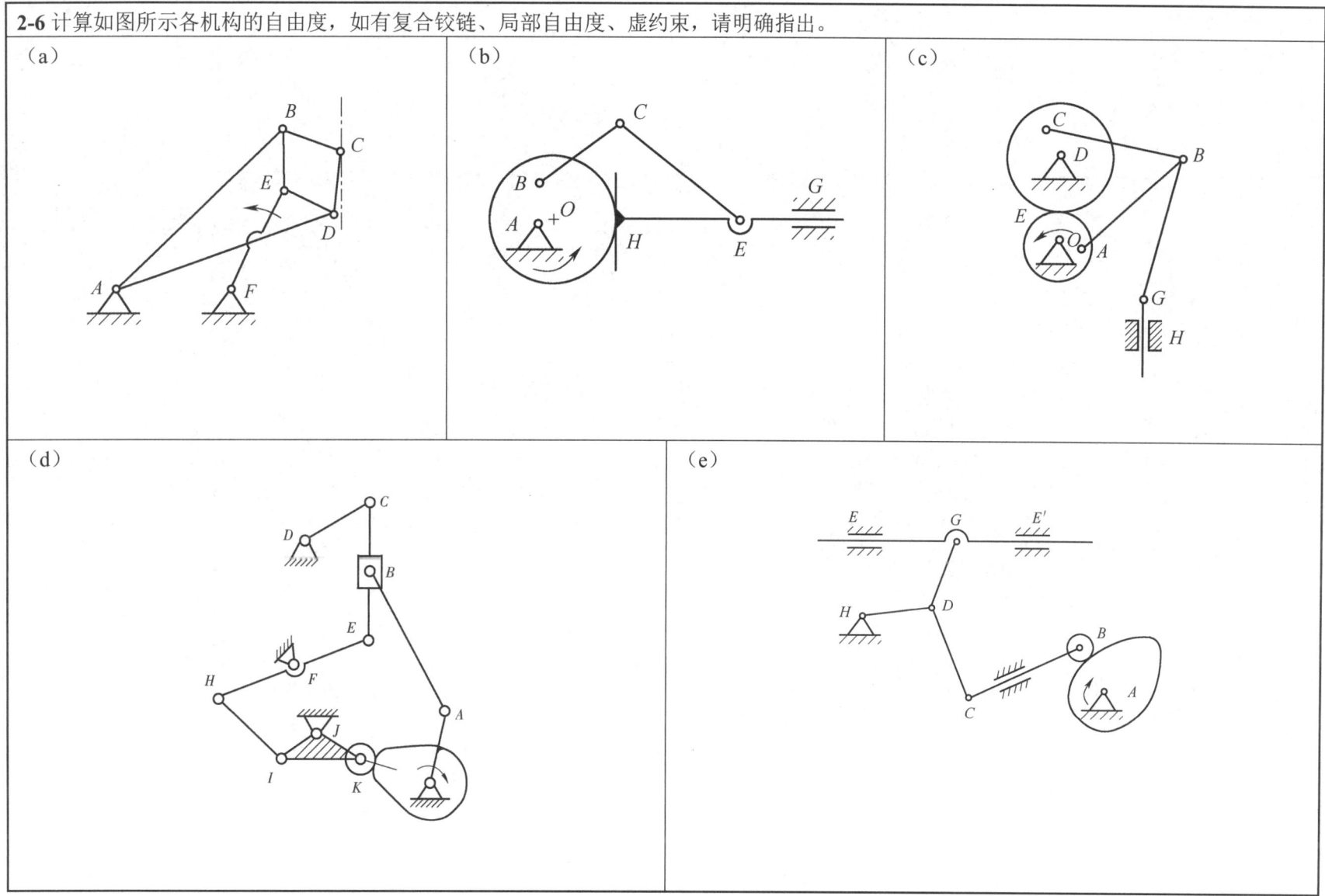

第三章　平面连杆机构

班级　　　　姓名　　　　学号

3-1 铰链四杆机构有哪三种基本形式？各举一例。平面四杆机构有哪些演化方法？写出常见的五种演化机构的名称。

3-2 什么是曲柄？平面四杆机构中曲柄存在的条件是什么？曲柄是否就是最短杆？

3-3 什么是行程速比系数、极位夹角、急回特性？

3-4 什么是机构的死点位置？用什么方法可以使机构通过死点位置？

成绩　　　　任课教师　　　　批改日期

3-5 判断下图所示的各铰链四杆机构的类型，并说明判断依据。

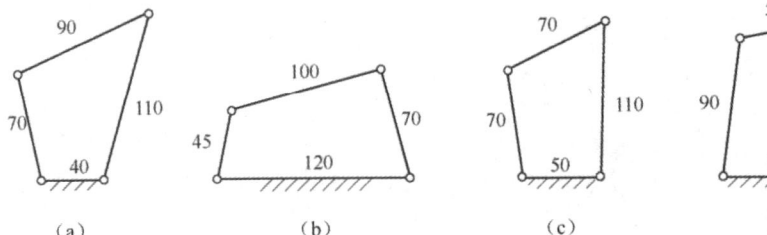

(a)　　　　(b)　　　　(c)　　　　(d)

图（a）为_____机构，由于_____、

_____。

图（b）为_____机构，由于_____、

_____。

图（c）为_____机构，由于_____、

_____。

图（d）为_____机构，由于_____、

_____。

3-6 已知某铰链四杆机构的各个杆长度分别为 a=150mm，b=500mm，c=300mm，d=400mm。试问：

（1）当取杆件 d 为机架时，是否存在曲柄？如果存在，哪一杆为曲柄？

（2）如果分别选取构件 a、b、c 为机架，分别得到什么类型的机构？

3-7 图示为铰链四杆机构，杆 1 为主动件，画出极位夹角，并判断该四杆机构有无急回特性？

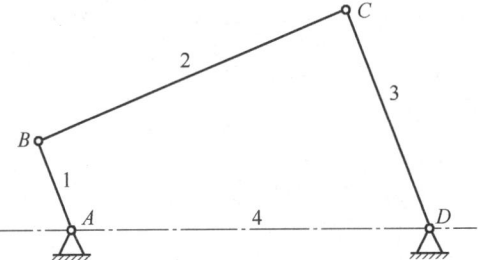

3-8 图示为一偏置曲柄滑块机构。已知 $a=150mm$，$b=400mm$，$e=50mm$，试求滑块的行程 H、机构的行程速度变化系数 K。（作图法求解）

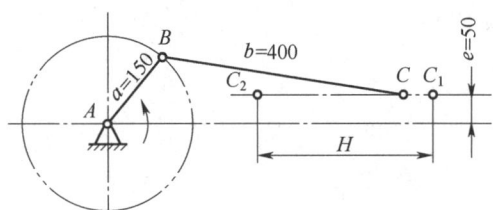

3-9 图示为一个偏置曲柄滑块机构，试求杆 AB 为曲柄的条件。若偏距 $e=0$，求杆 AB 为曲柄的条件。

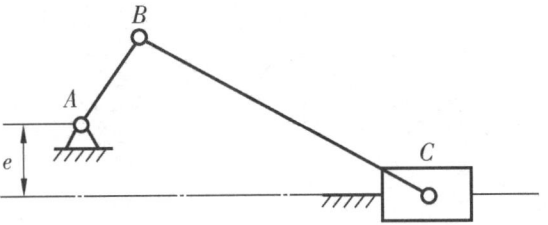

3-10 如图所示，设已知某四杆机构各构件的长度为 a=240mm，b=600mm，c=400mm，d=500mm。试问：

1）当取杆 4 为机架时，是否有曲柄存在？

2）若各杆长度不变，能否采用选不同杆为机架的办法获得双曲柄机构和双摇杆机构？如何获得？

3）若 a、b、c 三杆的长度不变，取杆 4 为机架，要获得曲柄摇杆机构，d 的取值范围应是多少？

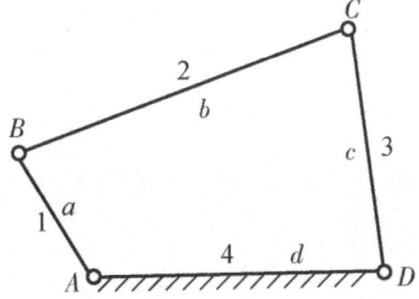

*3-11 设计一个铰链四杆机构，已知其摇杆 CD 的长度 l_{CD}=75mm，行程速度变化系数 K=1.5，机架 AD 的长度 l_{AD} =100mm，摇杆的一个极限位置与机架间的夹角 ψ=45°，如图所示。求曲柄（l_{AB}）和连杆的长度 l_{BC}。

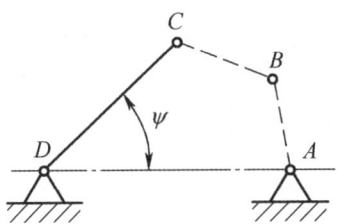

*3-12 设计一个曲柄滑块机构。如图所示，已知滑块的行程 H=50mm，偏距 e=20mm，行程速度变化系数 K=1.5，试用图解法确定曲柄和连杆的长度。

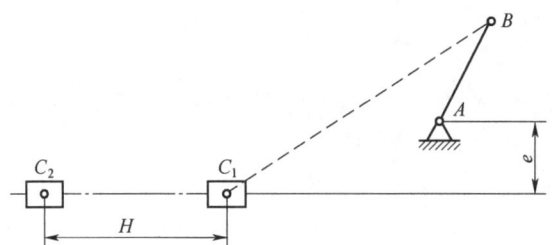

*3-13 试设计一个摆动导杆机构。已知机架长度 l_{AD} =100mm，行程速度变化系数 K=1.4，试求曲柄 l_{AB} 的长度。

*3-14 已知一个翻料机构，连杆 BC 的长度为 400mm，连杆两个位置关系如图所示，要求机架 AD 与 B_1C_1 平行且在其下方相距 350mm。试设计此机构。

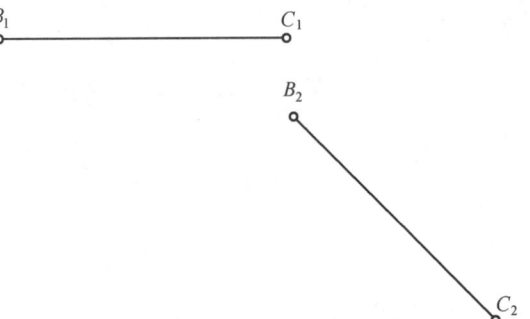

第四章 凸轮机构

班级　　　　姓名　　　　学号

4-1 凸轮和从动件有哪些形式？应如何选用？

4-2 通常采用什么方法使凸轮与从动件之间保持接触？

4-3 什么是凸轮机构的刚性冲击和柔性冲击？采取什么方法可以避免刚性冲击？

4-4 什么是凸轮设计的反转法原理？

成绩　　　　任课教师　　　　批改日期

4-5 图示为从动件在推程的部分运动线图,已知近休止角和远休止角均不等于零,试根据 s、v、a 之间的关系定性地补全该运动线图;指出该凸轮机构工作时,何处有刚性冲击,何处有柔性冲击。

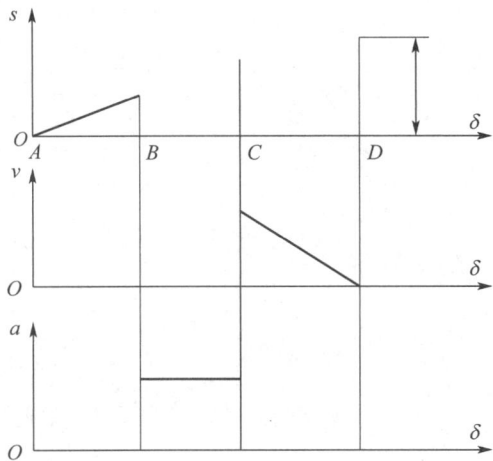

4-6 凸轮机构的从动件运动规律如图所示。要求绘制对心尖顶直动从动件盘形凸轮轮廓曲线,基圆半径 $r_0=22$mm,凸轮转向为逆时针。

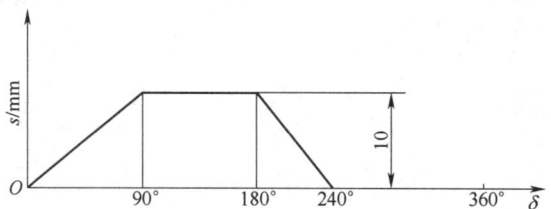

4-7 如图所示为两个不同形式的凸轮机构，要求画出凸轮的理论轮廓曲线、基圆及凸轮转过 90º 时从动件的位移 s。

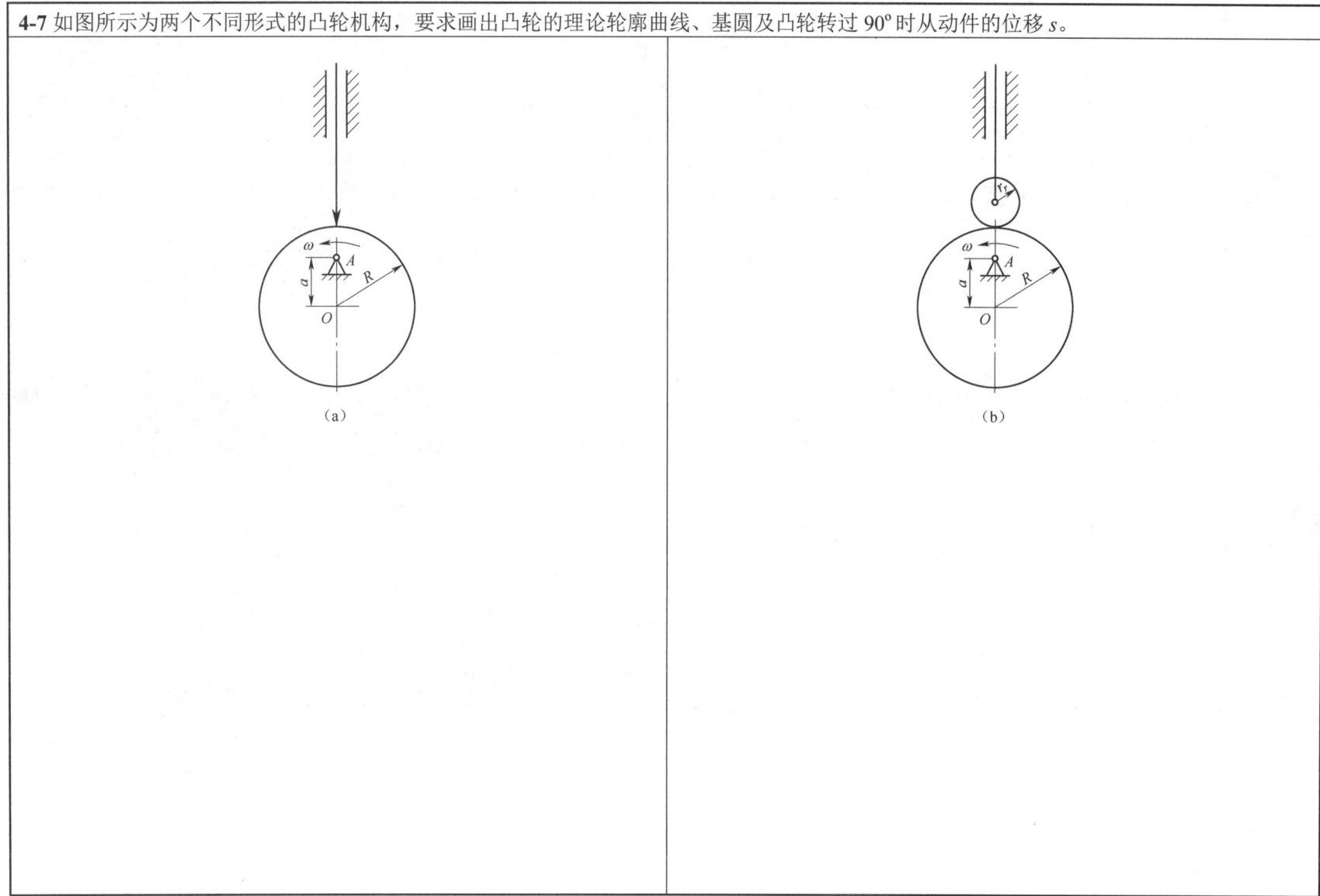

*4-8 如图所示为偏置滚子直动从动件盘型凸轮机构，要求画出凸轮的理论轮廓曲线、基圆，并在图上标出图示位置时机构的压力角以及凸轮从图示位置转过 90°后推杆的位移。

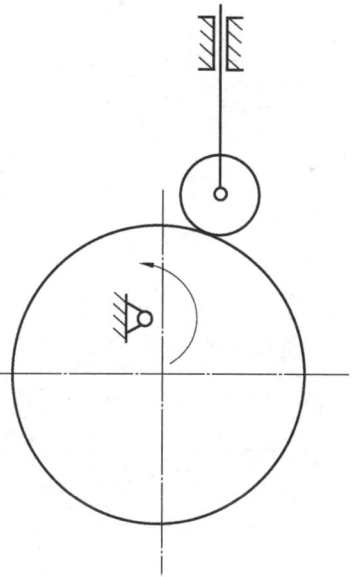

*4-9 图示为一对心直动平底推杆盘形凸轮机构，已知凸轮的角速度 ω_1。试在图上画出凸轮的基圆；标出机构在图示位置时的压力角；确定在图示位置时从动件的位移 s_2 及速度 v_2。

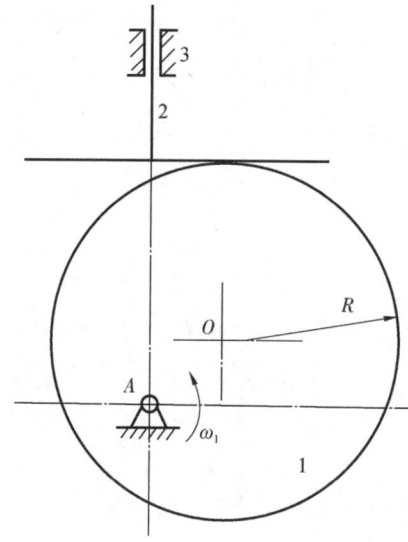

第五章 齿轮机构和轮系

班级　　　　　姓名　　　　　学号

5-1 齿轮传动的最基本要求是什么？齿廓的形状符合什么条件才能满足上述要求？

5-2 分度圆和节圆、啮合角和压力角有何区别？

5-3 一对标准安装的外啮合标准直齿圆柱齿轮的参数为 z_1=18，z_2=54，m=4mm，α=20°，h_a^*=1，c^*=0.25。试计算这对齿轮的传动比、标准中心距、两轮的分度圆直径、齿顶圆直径、齿根圆直径、齿距。

成绩　　　　　任课教师　　　　　批改日期

5-4 已知一对标准安装的直齿圆柱齿轮传动的中心距 a=196mm，传动比 i=3.5，小齿轮的齿数 z_1=25。试求该对齿轮的模数、大齿轮的齿数、两轮的分度圆直径及齿顶圆直径。

5-5 何谓齿廓的根切现象？产生根切的原因是什么？根切有何危害？如何避免根切？

5-6 为什么要限制齿轮的最少齿数？对于压力角为 20°、正常齿制的标准直齿圆柱齿轮，不产生根切的最少齿数 z_{min} 是多少？

5-7 已知一对外啮合斜齿圆柱齿轮传动，其模数 m_n=4mm，齿数 z_1=24、z_2=91，要求中心距 a=240mm，试确定螺旋角、两轮分度圆直径及当量齿数。

5-8 已知一对外啮合斜齿圆柱齿轮传动，齿数 z_1=27，z_2=60，法向模数 m_n=3mm，螺旋 β=15°，试求两轮的分度圆直径、中心距。若中心距圆整为整数，螺旋角 β 将如何变化？

	班级　　　姓名　　　学号
5-9 简述一对直齿圆柱齿轮、斜齿圆柱齿轮、直齿圆锥齿轮、蜗杆蜗轮传动的正确啮合条件。	**5-11** 斜齿圆柱齿轮和直齿锥齿轮的当量齿数的含义是什么？它们与实际齿数有何关系？
5-10 斜齿圆柱齿轮、直齿锥齿轮和蜗杆蜗轮上，何处的模数为标准值？何谓蜗杆蜗轮机构的中间平面？在中间平面内，蜗杆蜗轮机构相当于什么传动？	**5-12** 简述差动轮系与行星轮系的区别。
	成绩　　　任课教师　　　批改日期

5-13 试确定图（a）中蜗轮的转向，图（b）中蜗杆和蜗轮的旋向。

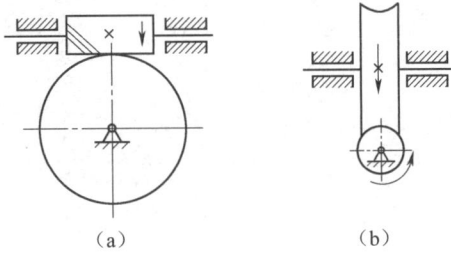

(a)　　　　　　　(b)

5-15 图示为手动提升机构，已知 $z_1=20$, $z_2=50$, $z_3=15$, $z_4=40$, $z_5=1$, $z_6=80$，试求 i_{16}，并指出提升重物时手柄的转向。图示轮系中，根据齿轮 1 的转动方向，在图上标出蜗轮 4 的转动方向。

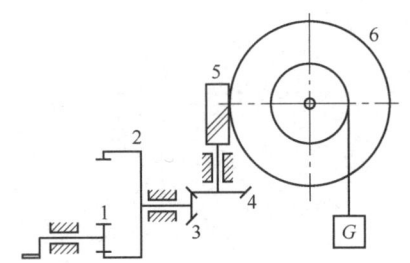

5-14 图示轮系中，根据齿轮 1 的转动方向，在图上标出蜗轮 4 的转动方向。

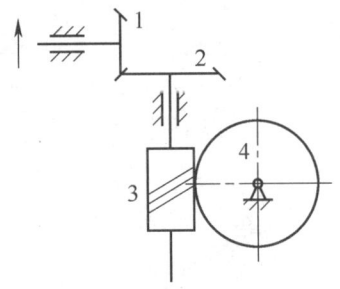

*5-16 已知一对直齿锥齿轮（$\Sigma = 90°$）的参数：大端模数 $m=4$mm，齿数 $z_1=32$，$z_2=70$，试计算分锥角 δ_1、δ_2，分度圆直径 d_1、d_2，锥距 R。

*5-17 一个蜗轮的齿数 $z_2=40$，分度圆直径 $d_2=200$mm 与一个单头蜗杆啮合，试求：
（1）蜗轮的端面模数 m_{t2} 及蜗杆的轴面模数 m_{x1}；
（2）传动比和标准中心距；
（3）蜗杆的导程角、蜗轮的螺旋角。

5-18 在如图所示轮系中，已知各齿轮的齿数 $z_1=15$，$z_2=25$，$z_{2'}=25$，$z_3=60$，轮 1 的角速度 $\omega_1=20.9$rad/s，轮 3 的角速度 $\omega_3=5.2$rad/s。试求系杆 H 的角速度 ω_H 的大小和方向。

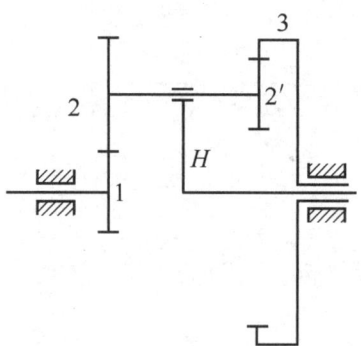

5-19 在图示轮系中，已知 $z_1=20$，$z_2=40$，$z_{2'}=20$，$z_3=20$，$z_4=80$，齿轮 1 的转速 $n_1=300$r/min，求行星架 H 的转速，并确定其转向。

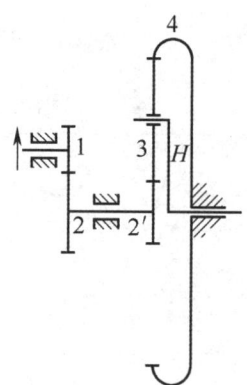

第六章　间歇运动机构

班级　　　　姓名　　　　学号

6-1 什么是间歇运动的？常用的间歇运动机构有哪些？	**6-2** 棘轮机构有几种类型？各有什么特点？适用于什么场合？
6-2 槽轮机构是如何实现间歇运动的？	**6-3** 简述槽轮机构、棘轮机构、不完全齿轮机构和凸轮间歇运动机构的运动特点。

成绩　　　　任课教师　　　　批改日期

第七章 机械的平衡与调速

班级　　　　姓名　　　　学号

7-1 机械平衡的目的是什么？在什么情况下转动构件可以只进行静平衡？

7-2 在什么情况下应该进行动平衡？转动构件达到动平衡的条件是什么？

7-3 什么是速度波动？为什么机械运转时会产生速度波动？

7-4 机械速度波动的类型有哪几种？分别用什么方法来调节？

成绩　　　　任课教师　　　　批改日期

7-5 飞轮的作用有哪些？能否用飞轮来调节非周期性速度波动？飞轮设计的基本问题是什么？为什么飞轮应尽量安装在机器的高速轴上？

*7-6 如图所示的盘形回转构件中，圆盘的半径 r=200mm，宽度 B= 40mm，质量 m=500kg。圆盘上存在两偏心质量块，m_1=10kg，m_2=10kg，方位如图所示。若两支承 A、B 间的距离 l=120mm，支承 B 至圆盘的距离 l_1=80mm，转轴的工作转速 n=3000r/min。试确定：

（1）该回转构件的质心位置与其回转中心的距离是多少？

（2）如何确定应加平衡质量的直径积的大小和方位角。

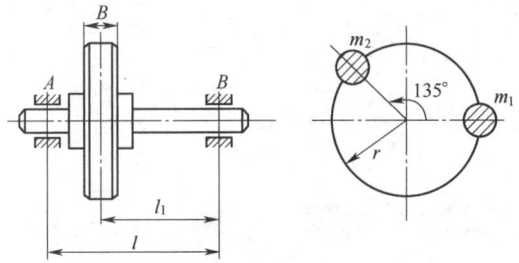

第八章 带传动和链传动

班级　　　　姓名　　　　学号

8-1 在相同条件下，为什么V带比平带的传动能力大？

8-2 带在传动工作中受哪些应力？其最大应力发生在什么位置？

8-3 带传动能传递的最大有效圆周力的大小与哪些因素有关？

8-4 什么是滑动率？带传动的滑动率如何计算？工程上滑动率的合理取值范围是多少？

成绩　　　　任课教师　　　　批改日期

8-5 V 带传动的主要失效形式是什么？

8-6 带传动打滑与弹性滑动有什么区别？

8-7 V 带传动设计中，为什么要限制小带轮直径的最小尺寸？

8-8 V 带能传递的最大功率 P=7.5kW，带速 v=10m/s。现测得张紧力 F_0=1125N，求紧边拉力 F_1、松边拉力 F_2。

8-9 某 V 带能传递的最大功率 $P=6$kW，主动轮直径 $d_1=100$mm，主动轮转速 $n_1=1460$r/min，小带轮包角 $\alpha_1=150°$，带与带轮之间的当量摩擦系数 $f_v=0.51$，求紧边拉力 F_1、松边拉力 F_2、有效拉力 F_e 及预紧力 F_0。

8-10 带传动为什么要张紧？常用的张紧方法有哪几种？在什么情况下使用张紧轮？张紧轮应装在什么地方？

8-11 与带传动相比，链传动有哪些优缺点？

班级　　　　姓名　　　　学号

8-12 引起链传动速度不均匀的原因是什么？主要影响参数是什么？

8-14 滚子链中滚子的作用是什么？为什么链板一般制成8字形？各元件之间的连接和配合关系怎样？

8-13 为什么在一般情况下，链传动的瞬时传动比不是恒定的？在什么条件下是恒定的？

8-15 链传动为什么要适当张紧？常见有哪些张紧方法？如何控制松边的下垂度？

成绩　　　　任课教师　　　　批改日期

8-16 按照图示简述带传动的弹性滑动是如何产生的。它与打滑有什么区别？能否通过正确设计来消除弹性滑动？打滑首先发生在哪个带轮上？为什么？

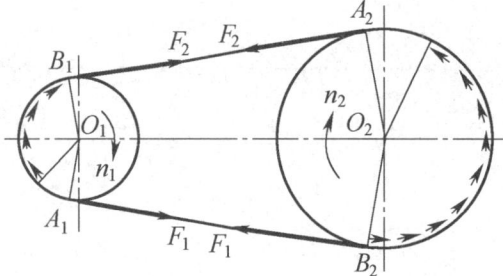

8-17 某运输带由电动机通过三套减速装置来驱动，分别是两级直齿圆柱齿轮减速器、套筒滚子链传动和 V 带传动。试分析由电动机到工作机，应如何布置这三级传动，并说明理由。

第九章 齿轮传动设计

班级　　　　姓名　　　　学号

9-1 简述齿轮传动的优缺点。

9-2 齿轮轮齿有哪几种失效形式？开式传动和闭式传动的失效形式是否相同？设计及使用中应该如何防止这些失效？

9-3 软齿面齿轮选择材料时，为什么小齿轮比大齿轮的材料要好些或热处理硬度要高些？

9-4 在轮齿的弯曲强度计算中，齿形系数 Y_F 与什么因素有关？

成绩　　　　任课教师　　　　批改日期

9-5 齿宽系数的大小对传动有何影响？设计时如何选择？

9-6 齿轮传动中润滑方式如何选取？

9-7 分析如图所示的齿轮传动各齿轮所受的力（用受力图表示出各力的作用位置及方向）。

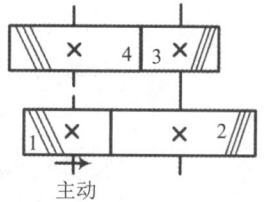

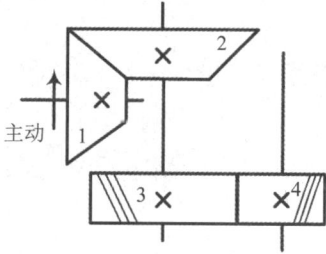

9-8 两级斜齿圆柱齿轮减速器如图所示，输出轴的转向和齿轮 4 的螺旋线方向如图所示，求：
（1）为使齿轮 2、齿轮 3 所受轴向力方向相反，求确定齿轮 1、2、3 的螺旋线方向；
（2）两对齿轮所受各分力的方向。

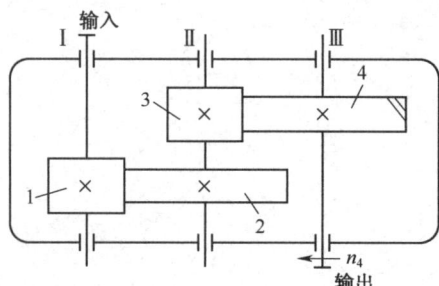

9-9 圆锥-圆柱齿轮减速器，动力由轴 I 输入，转向如图所示，求：
（1）为使轴 II 上两齿轮所受轴向力方向相反，确定斜齿轮 3、4 的螺旋线方向；
（2）锥齿轮 1、2 和斜齿轮 3、4 所受各分力的方向。

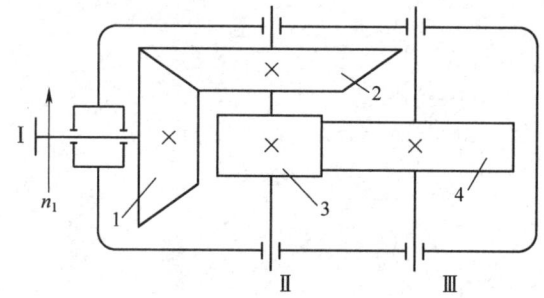

9-10 在图示的两级展开式斜齿圆柱齿轮减速器中,$z_1=19$,$z_2=57$,$z_3=20$,$z_4=68$,高速级和低速级的模数和螺旋角分别相等,其值分别为 $m_n=2$mm,$β=15°$,输入功率 $P_1=5$kW,输出轴转速 $n_{III}=96$r/min,若不计摩擦损耗,试确定:

(1)为使中间轴上的轴承所受的轴向力较小,试确定其余各齿轮的螺旋方向,并在图上确定各轴的转向。

(2)绘出以上四个齿轮在啮合点的受力图,并计算齿轮 2、3 的圆周力、径向力和轴向力的大小。此时中间轴上的轴向力等于多少?方向如何?

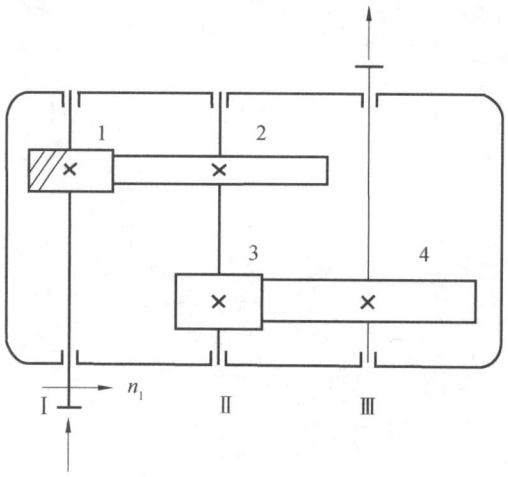

*9-11 有一个单级直齿圆柱齿轮减速器（正常齿标准齿轮），其齿轮齿数 z_1=20，z_2=80，并测得齿顶圆直径 d_{a1}=10mm，d_{a2}=410mm，齿宽 b=60mm。小齿轮材料为 45 钢，齿面硬度为 220HBW，大齿轮材料为 ZG40，其硬度为 180HBW，齿轮精度为 8 级，齿轮对轴承对称布置。现想把此减速器用于带式运输机上，所需的输出转速 n=150r/min，单向转动，试求此减速器所能传递的最大功率。

第十章 蜗杆传动

班级　　　　姓名　　　　学号

10-1 试与齿轮传动比较说明蜗杆传动的特点及其应用范围。

10-2 蜗杆传动的主要失效形式有哪些？

10-3 为什么蜗杆传动常用青铜蜗轮而不采用钢制蜗轮？

10-4 蜗杆传动的啮合效率受哪些因素的影响？

成绩　　　　任课教师　　　　批改日期

10-5 为什么对连续工作的蜗杆传动不仅要进行强度计算，而且要进行热平衡计算？

10-6 蜗轮的结构形式有哪几类？适用于何种场合？

10-7 如图所示为蜗杆传动和圆锥齿轮传动的组合。已知输出轴上的锥齿轮 z_4 的转向 n_4。试确定蜗杆的螺旋线方向和蜗杆的转向；在图中标出蜗轮轴向力的方向。

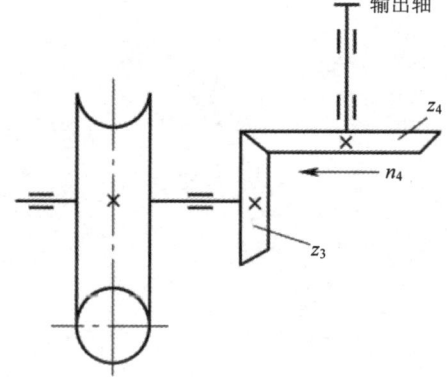

10-8 试分析如图所示蜗杆传动中各轴的回转方向，蜗轮轮齿的螺旋方向及蜗杆、蜗轮所受各力的作用位置及方向。

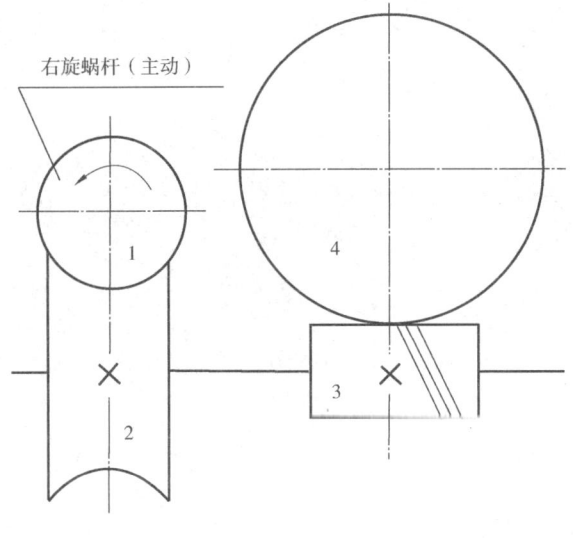

10-9 一对斜齿轮与一对蜗杆蜗轮构成的传动装置如图所示。已知斜齿轮 1 的旋向为左旋，转向如图，求：
（1）在图中标出蜗杆和蜗轮的合理转向（Ⅱ轴上轴向力方向相反）；
（2）在图中标出并用文字说明斜齿轮 2、蜗杆 3、蜗轮 4 应取的旋向；
（3）在图中直接绘出以上四轮在啮合点的受力图。

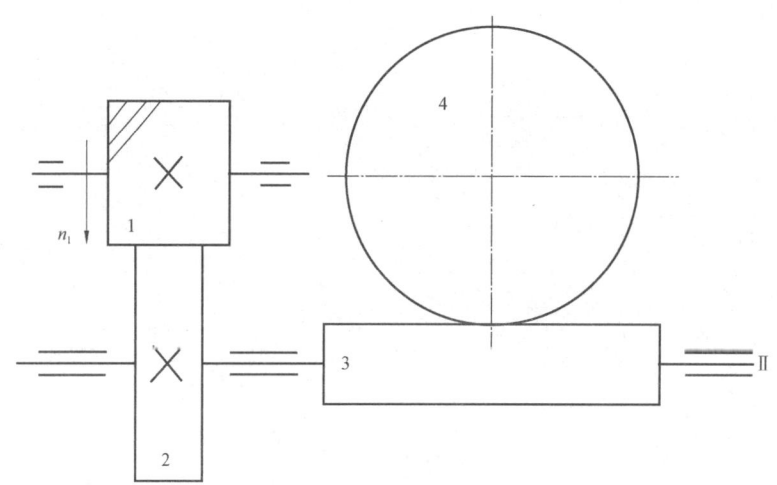

*10-10 如图所示，蜗杆主动，T_1=20N·m，m=4mm，z_1=2，d_1=50mm，蜗轮齿数 z_2=50，传动效率 η=0.75。试确定：
（1）蜗轮的转向；
（2）蜗杆与蜗轮上作用力的大小和方向。

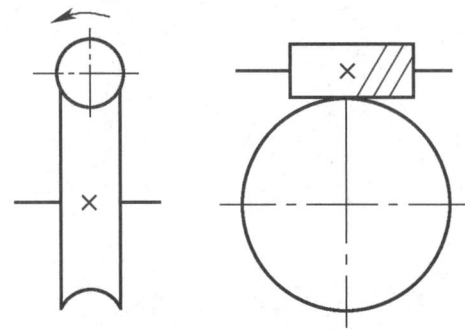

*10-11 某起重装置的两种传动方案（a）与（b）如图所示。若工况为长期运转，试说明两种方案是否合理？为什么？若限定图中传动件的类型不变，你认为较合理的方案应如何组成？（不绘图，仅用文字说明）

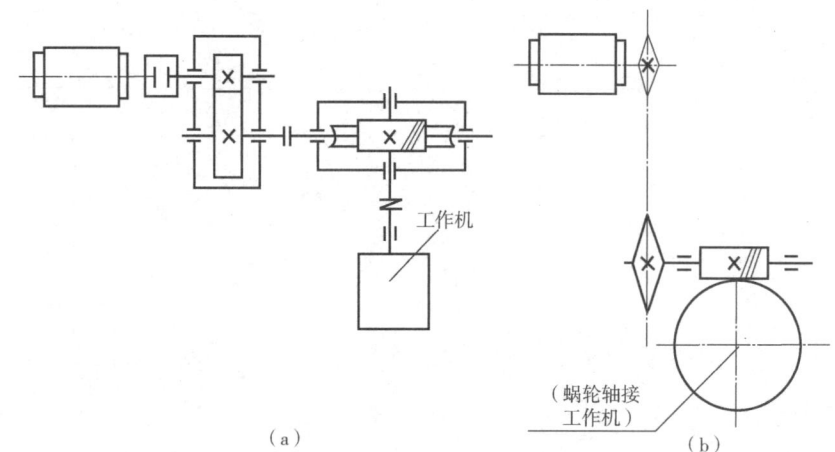

（a） （b）

（蜗轮轴接工作机）

第十一章 螺纹连接

班级　　　　姓名　　　　学号

11-1 螺纹连接有哪些基本类型？应用上有何不同？

11-2 螺纹连接预紧的目的是什么？ 为什么对于重要的螺栓连接要控制螺栓的预紧力？控制预紧力的方法有哪几种？

成绩　　　　任课教师　　　　批改日期

11-3 为什么螺纹连接常需要防松？按防松原理，螺纹连接的防松方法可分为哪几类？试举例说明。

11-4 重要的普通螺栓连接中,为什么应尽可能不采用小于M12的螺栓？

11-5 螺栓的主要失效形式有哪些？经常发生在哪个部位？

11-6 常见的螺栓中的螺纹是右旋还是左旋，是单线还是多线？GB/T5782—2016 螺栓 M16×100，8.8 级，试问：螺栓的公称直径是多少？100 是螺栓哪部分的长度？螺栓的屈服极限是多少？

11-7 画出单个紧螺栓连接的受力变形图，并根据变形图写出螺栓的总拉力、预紧力和剩余预紧力的公式。

11-8 如图所示，五种连接分别是什么连接？他们在应用上有何不同？

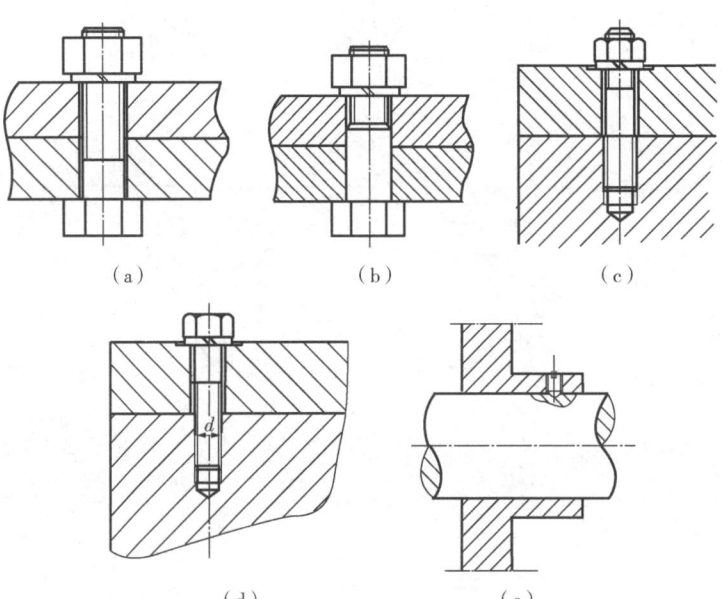

（a） （b） （c）

（d） （e）

11-9 图示为一个拉杆螺纹连接。已知拉杆受的载荷 F=50kN，载荷稳定，拉杆螺栓材料性能等级选 4.6 级。试计算此拉杆螺栓的直径。

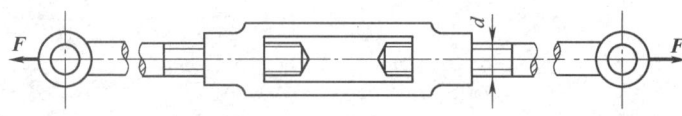

11-10 如图所示，螺栓连接用 4 个材料性能等级为 4.6 级 M16 的普通螺栓，不控制预紧力，结合面间摩擦系数 f = 0.15，取防滑系数 K_s=1.2，试计算允许的静载荷 F。

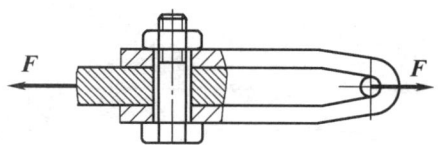

11-11 受轴向载荷的紧螺栓连接，被连接钢板间采用橡胶垫片。已知螺栓预紧力 $F_0=15000\text{N}$，当受轴向工作载荷 $F=10000\text{N}$ 时，求螺栓所受的总拉力及被连接件之间的残余预紧力。

11-12 有一个受预紧力 F_0 和轴向工作载荷 $F=1000\text{N}$ 作用的紧螺栓连接，已知预紧力 $F_0=1000\text{N}$，螺栓的刚度 C_b 与被连接件的刚度 C_m 相等。试计算该螺栓所受的总拉力 F_2 和剩余预紧力 F_1。在预紧力 F_0 不变的条件下，若保证被连件间不出现缝隙，该螺栓的最大轴向工作载荷 $F_{\max}$ 为多少？

*11-13 如图所示，凸缘联轴器（铸钢）用分布在直径为 D_0=220mm 的圆上的六个性能等级为 6.6 级的普通螺栓，将两个半联轴器紧固在一起，控制预紧力，结合面间的摩擦系数 f = 0.15，取防滑系数 K_s=1.2。

（1）试确定该联轴器能传递的转矩。

（2）若用铰制孔用螺栓连接，传递同样的转矩，试确定螺栓的直径。

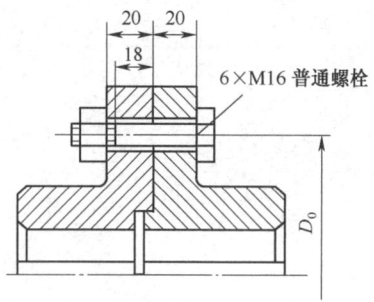

第十二章 轴毂连接

班级　　　　姓名　　　　学号

12-1 键连接适用在什么场合？平键连接有哪些类型？

12-2 如何选取普通平键的尺寸 $b \times h \times L$？它的公称长度 L 与工作长度 l 之间有什么关系？

12-3 平键和楔键在结构和使用性能上有何异同？为何平键使用较广泛？

12-4 普通平键连接有哪些失效形式？强度校核判定强度不够时，可采取哪些措施？滑动平键连接和导向平键连接的主要失效形式是什么？

成绩　　　　任课教师　　　　批改日期

12-5 花键连接和平键连接相比有哪些优缺点？	**12-7** 销有哪几种类型？其中哪些销已有国家标准？
12-6 常用的花键齿形有哪几种？各用于什么场合？	**12-8** 分别用箭头指出工作面，并在图下方标出键的名称。 （a）　　　（b）　　　（c）　　　（d）

第十三章 轴 承

班级　　　　姓名　　　　学号

13-1 根据承受载荷的方向不同,轴承分为哪些类型？承受载荷情况如何？

13-2 轴承有哪些功用？滑动轴承和滚动轴承如何区分？各应用在什么场合？

13-3 滑动轴承通常由_____、_____、_____、_____等部分组成。

滚动轴承由_____、_____、_____、_____组成。

13-4 滚动轴承的主要类型有哪些？

成绩　　　　任课教师　　　　批改日期

班级　　　　姓名　　　　学号

13-5 简述下列各滚动轴承代号的含义。

6206

7207C

30207

N303

13-6 滚动轴承的失效形式有哪些？

13-7 什么是滚动轴承的寿命、基本额定寿命、基本额定动载荷、当量动载荷？

13-8 球轴承所承受的外载荷增加一倍，寿命将降低多少？滚子轴承的转速增加一倍，承受的载荷将降低多少？

成绩　　　　任课教师　　　　批改日期

13-9 滚动轴承的内外圈紧固方式有哪些？

13-10 滚动轴承为何需要采用密封装置？常用的密封装置有哪些？各有何特点？

13-11 某机械传动装置中轴的两端各用一个 6213 深沟球轴承，每一个轴承各承受径向载荷 F_r=5500N，轴的转速 n=970r/min，工作平稳，在常温下工作，试计算轴承的寿命。

13-12 轴系由一对 30206 圆锥滚子轴承支承，如图所示，转速 n=720r/min，F_r=3000N，F_a=520N，冲击载荷系数 f_p=1.3，求危险轴承的寿命及两轴承寿命之比。轴承额定动载荷 C=24800N。注：$F_d = F_r/3.4$，e=0.36，若 $F_a/F_r \leq e$，则 x=1，Y=0；若 $F_a/F_r > e$，则 x=0.4，Y=1.7。

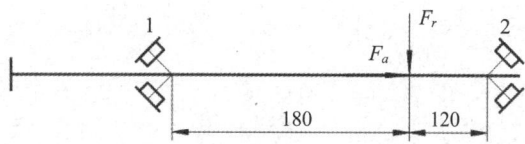

*13-13 已知一个传动轴上的深沟球轴承，承受的径向载荷 F_r=1200N，轴向载荷 F_a=300N，轴承转速 n=1460r/min，轴颈直径 d=40mm，要求使用预期寿命 8000h，载荷有轻微冲击，在常温下工作，试选择轴承的型号尺寸。

*13-14 图示为某轴用两个正装的角接触球轴承支承。轴颈直径 d=40mm，转速 n=950r/min，有轻微冲击，在常温下工作。已知两轴承所受的径向载荷分别为 F_{r1}=4500N，F_{r2}=1800N；轴向外载荷 F_A=1200N，预期寿命 L'_h=5500h，试选择合适的轴承型号。

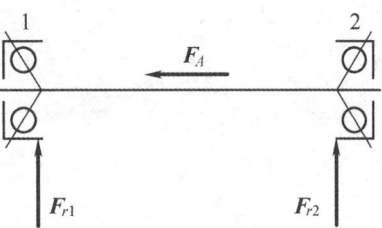

第十四章　联轴器、离合器和制动器

班级　　　　姓名　　　　学号

14-1 试说明联轴器与离合器的异同点。

14-2 刚性联轴器和挠性联轴器有何差别？

14-3 请分析火车车轮是如何制动的。

14-4 简述普通自行车的制动原理。

成绩　　　　任课教师　　　　批改日期

第十五章 轴

班级　　　　姓名　　　　学号

15-1 轴的作用是什么？按承载情况，轴分为哪三种类型？它们有何区别？试列举应用实例。

15-2 轴的常用材料有哪些？请描述选用方法。

15-3 轴上零件的轴向和周向固定常用哪些方式？各适用于何处？

成绩　　　　任课教师　　　　批改日期

15-4 设计轴时，从轴的结构工艺性考虑应注意哪些问题？

15-5 已知一个传动轴传递的功率 P=30kW，转速 n=850r/min，如果轴上的扭转切应力不允许超过 40MPa，求该轴的最小轴径。

15-6 已知一个传动轴的直径 d=40mm，转速 n=1500r/min，如果轴上的扭转切应力不允许超过 45MPa，求该轴所能传递的功率。

15-7 如图所示传动装置，其中：1 轴是_____，2 轴是_____，3 轴是_____，4 轴是_____。

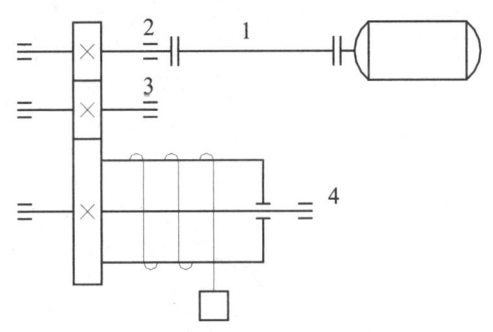

15-8 指出下图采用的定位方式（周向和轴向定位）。

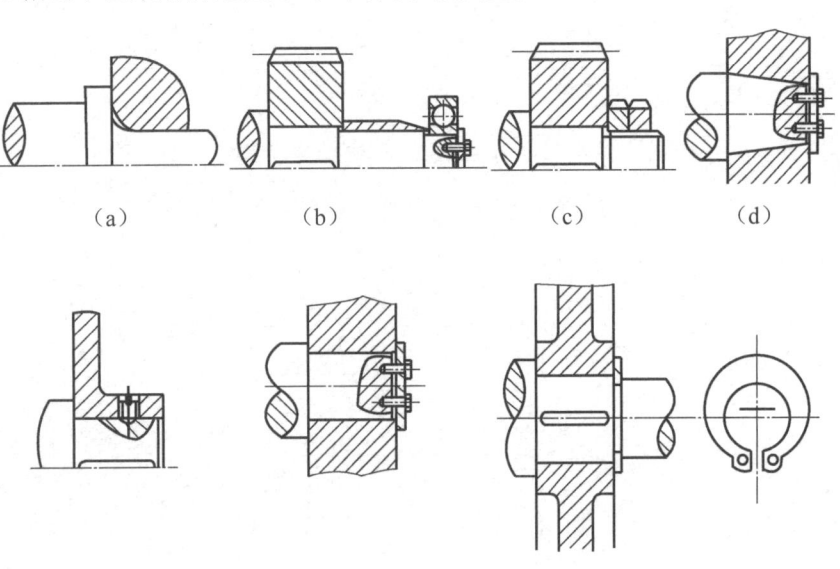

(a)　　　　(b)　　　　(c)　　　　(d)

(e)　　　　(f)　　　　(g)　　　　(h)

15-9 图示小锥齿轮的轴承部件中，套杯与轴承座端面之间的调整垫片起什么作用？

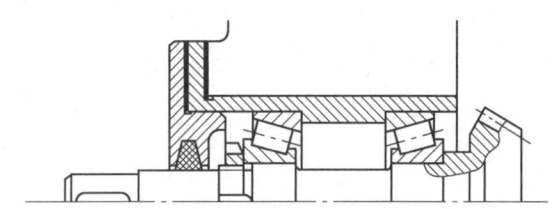

15-10 图示为一个齿轮轴的结构图，试指出图中的错误并改正。

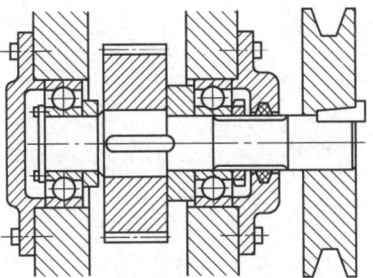

15-11 指出图中轴系部件的结构错误，齿轮箱内齿轮为油润滑，轴承为脂润滑（用笔圈出错误之处，简单说明错误的原因）。

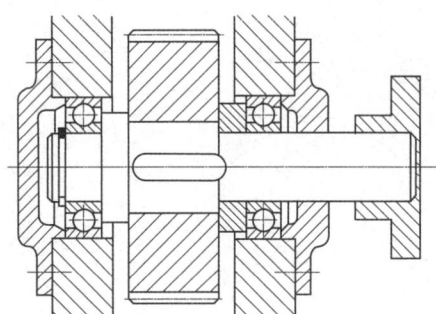

参 考 文 献

[1] 孙桓，葛文杰. 机械原理[M]. 9版. 北京：高等教育出版社，2020.
[2] 濮良贵，陈国定，吴立言，等. 机械设计[M]. 11版. 北京：高等教育出版社，2023.